水晶滴胶
星座奇幻之旅

红兮兮Ss 著

重庆大学出版社

自序 preface

从小，我动手能力就特别强，凡涉及手工制作等活动，我都会乐此不疲地沉浸其中，经常一做就是一整天。看着自己亲手完成的一件件作品，就会有满满的成就感。

在手工圈摸爬滚打的这些年，我无意中接触到了环氧树脂水晶滴胶（以下简称滴胶），它是由高纯度环氧树脂、固化剂及其他改质组成，其固化产物晶莹剔透，具有耐水、耐化学腐蚀等特点，因此特别适用于制作手工艺品。滴胶之所以让我如此钟情，还因为它可调配出不同的颜色，这使我能够尽情展现自己在色彩搭配上的天赋。有时候，一件手工艺品只要稍加入某些闪粉等小配件，就会变得更富灵性。

滴胶以其具有的这种如十二星座般奇幻、独特的魔力吸引着我，因此我会根据每个星座所具有的特点，设计出属于该星座的滴胶作品，并在书中将它们呈现出来。

最后，我要提醒各位读者，在制作滴胶作品时需注意保持制作环境的空气流通，以及各种工具的安全使用哦。那么现在，就让我们一起来开启这场滴胶的奇幻之旅吧！

目录 catalogue

1. 加热垫：制作UV胶作品时，若环境较冷可用加热垫对UV胶进行加热从而使UV胶不至于因浓稠而不好倾倒，并且加热也可以起到消泡的作用。

2. 便携手电式紫外线灯：方便随身携带的一款迷你UV灯，但固化UV胶需要的时间更久一些。

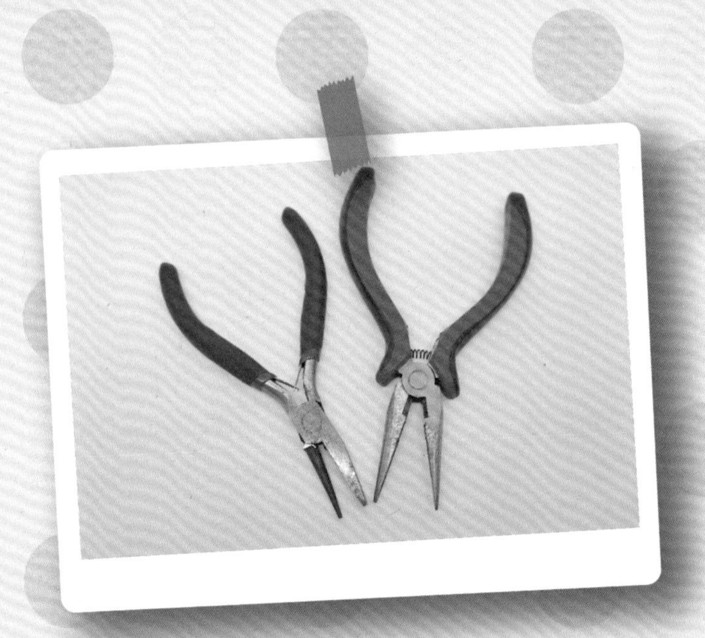

3. 尖嘴钳和半圆钳子：组装金属配件和串珠时的必备工具。

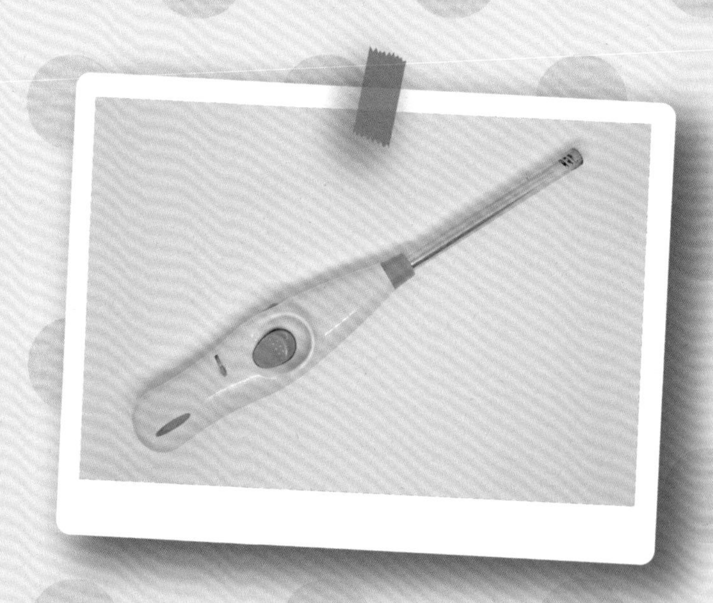

4. 打火枪：起到消泡作用，适用于AB滴胶和UV胶，注意不能烧太久，轻轻拂过滴胶表面即可。

5. 电子秤：调配AB滴胶时的必备工具，A胶与B胶的重量比例为3∶1，体积比为2.5∶1，调配胶时B胶加少了，会导致AB滴胶固化失败，故调配时可加入稍多一些的B胶。

6. 镊子：用来夹金属小配件或装饰亮钻、珍珠等，非常实用。

7. UV灯（紫外线灯）：用来固化UV胶，不适用于AB滴胶。

8. 手工钻：钻孔必备的小工具，注意使用时不要误伤到手。

9. 硅胶垫：必备桌垫，滴胶粘在普通的桌子上干透后很难清理干净，但若是在硅胶垫上，干透后直接将滴胶揭下即可。

火象星座
fire signs

♈ **白羊座**
星辰钥匙扣

♌ **狮子座**
梦想翅膀摆件

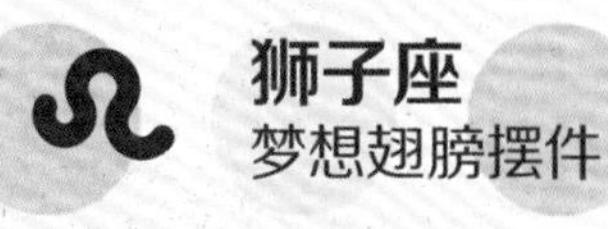

♐ **射手座**
梦幻贴纸手机壳

星辰钥匙扣

star key buckle

白羊座

Aries

UV胶 、纸胶带
闪粉、迷你翅膀模具
人鱼系闪片、金属钥匙扣
各种金属配件、镊子
色精(玫红色、紫色、宝蓝色)

1. 用纸胶带将金属边框封底，以防漏胶。

2. 铺第一层UV胶至边框一半的位置 。

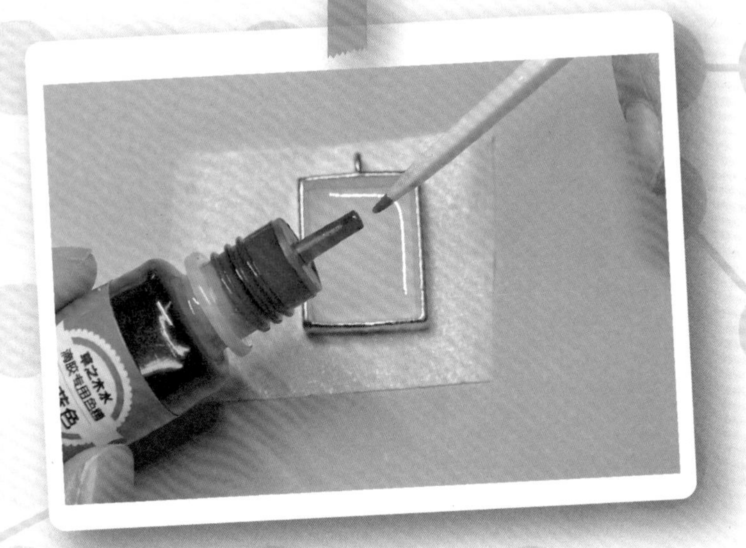

3. 用调色棒蘸取一点点宝蓝色色精。

4. 直接在边框内的UV胶里搅拌调色。

5. 用同样的方法调出玫红色和紫色的UV胶，并做出渐变的效果。

6. 用紫外线灯照射UV胶2分钟使其固化。

7. 固化后铺上第二层UV胶。

8. 用金色闪粉点缀第二层UV胶。

9. 将代表白羊座的星座标记放入边框内。

10. 再铺上第三层UV胶进行封层处理。

11. 用紫外线灯照射UV胶2分钟使其固化。

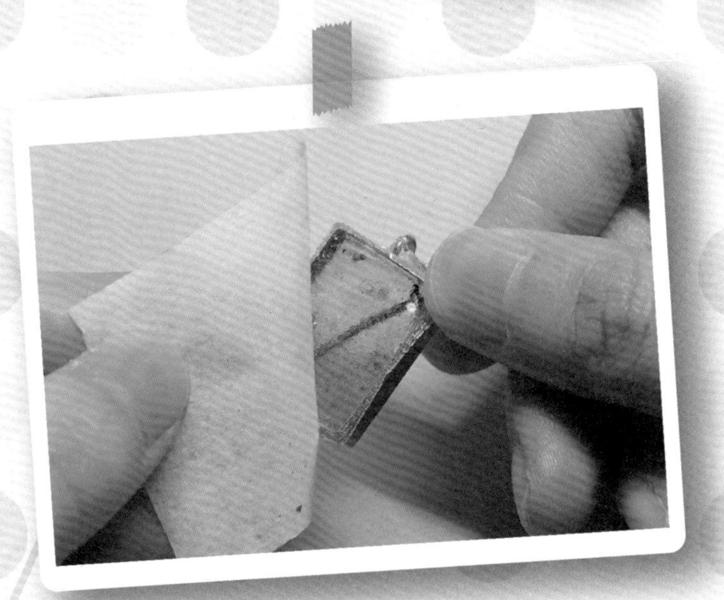

12. 待UV胶固化后撕去纸胶带。

13. 在作品的背面也铺上一层UV胶用来封层。

14. 在UV胶内加入紫色闪粉混合。

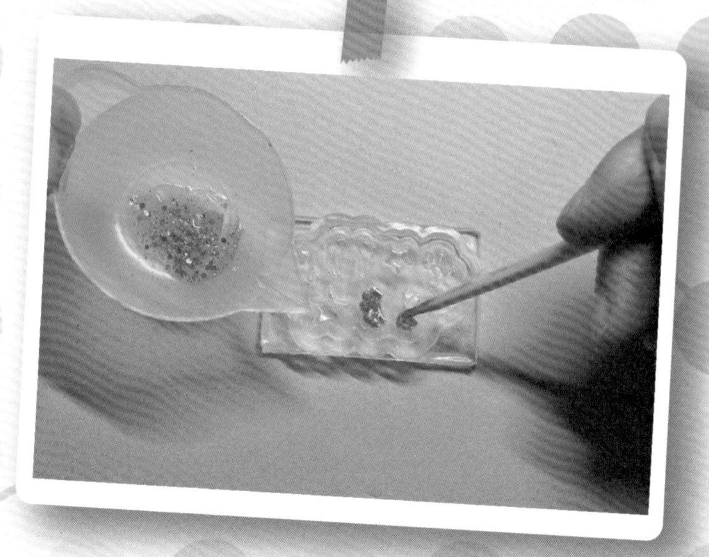

15. 将混合后的UV胶倒入迷你翅膀模具内。

16. 用紫外线灯照射模具2分钟使其固化。

17. 将迷你翅膀、装饰亮钻以及金属字母配件用UV胶固定在金属框内合适的位置。

18. 另取一个爱心金属配件，在里面铺上一层薄薄的UV胶。

19. 在爱心内铺满人鱼系闪片。

20. 铺上UV胶进行封层。

21. 用紫外线灯照射5分钟至完全固化。

22. 在金属字母配件上串上串珠。

23. 用金属环将成品爱心装上钥匙扣，作品完成。

24. 完成图。

梦想翅膀摆件
the dream wing
狮子座
Leo

材料

AB滴胶
电子秤
UV胶
色精（白色、
玫红色、大红色）
粉色贝壳纸
各类金属配件
珍珠配件
B-6000速干胶

模具

圆形模具
球体模具
翅膀模具
钻石模具

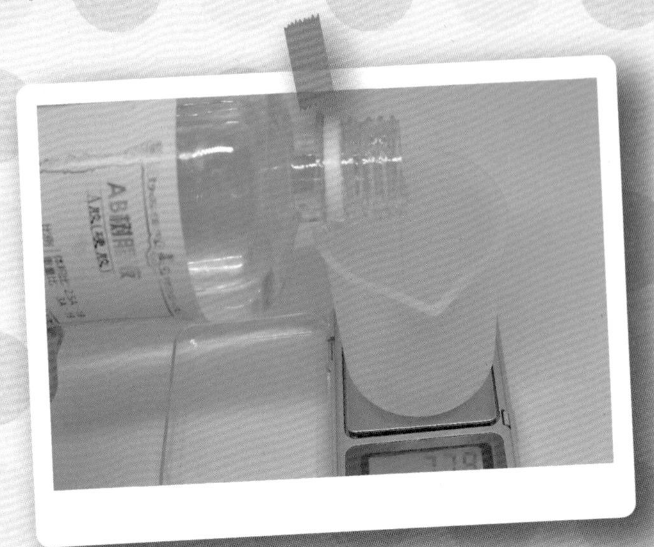

1. 用电子秤按A：B重量比3：1的比例调配AB滴胶。

2. 顺时针搅拌AB滴胶到无丝状态后静置5分钟进行消泡。

3. 将消泡后的AB滴胶倒入翅膀模具的二分之一处，静置12小时使其自然固化。

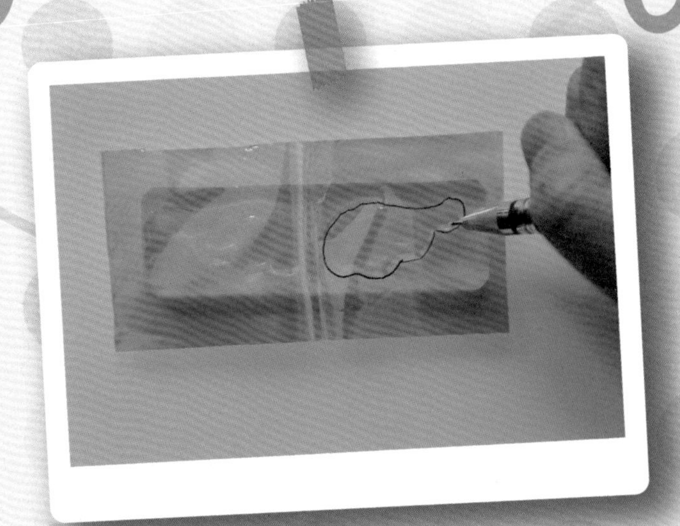

4. 用黑色中性笔在贝壳纸上描绘出翅膀的形状。

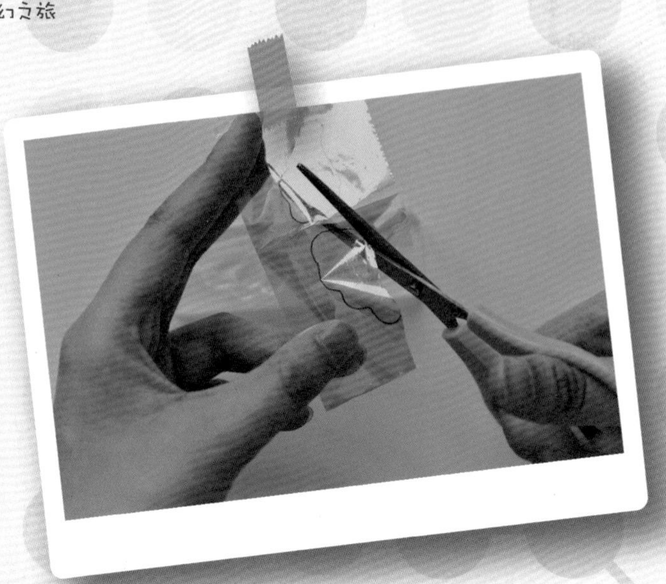

5. 按照轮廓用剪刀剪出翅膀。

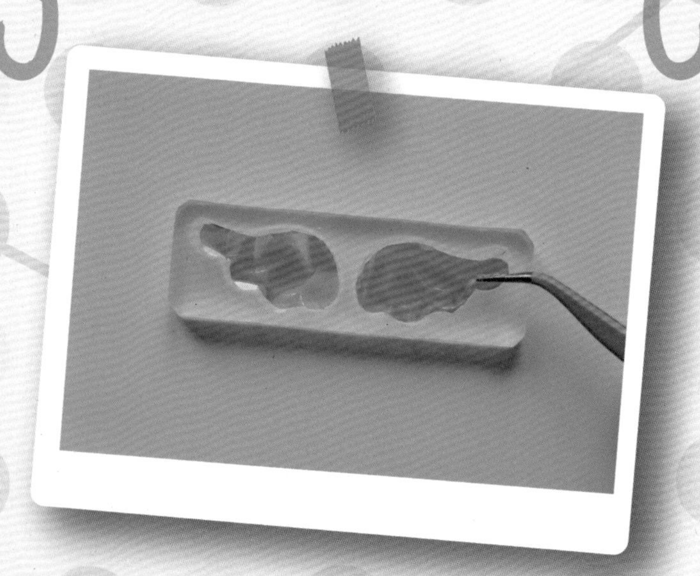

6. 将剪下的翅膀放入事先已经固化的翅膀模具内。

7. 再次铺上AB滴胶，将贝壳纸完全覆盖后，静置12小时使其自然固化。

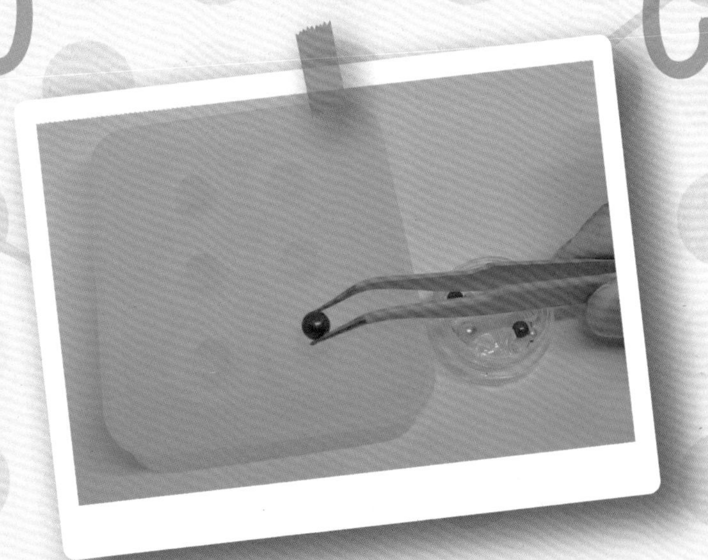

8. 在球形模具内放入准备好的珍珠等饰物。

9. 将AB滴胶倒入球形模具，铺满即可，静置12小时使其自然固化。

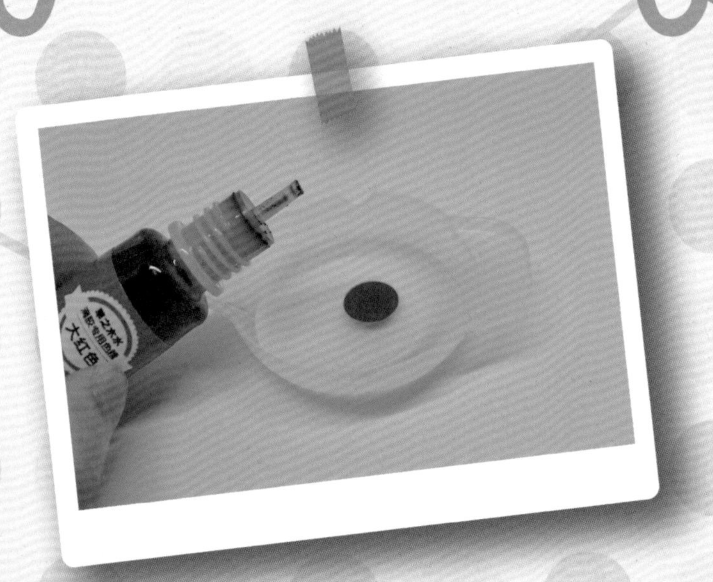

10. 用大红色色精对AB滴胶进行调色。

11. 将调色后的红色AB滴胶倒满钻石模具的一格，静置12小时使其自然固化。

12. 用白色和玫红色色精将AB滴胶调制成需要的马卡龙粉色。

13. 将调制好的粉色滴胶全部倒入圆形模具内，静置12小时使其自然固化。

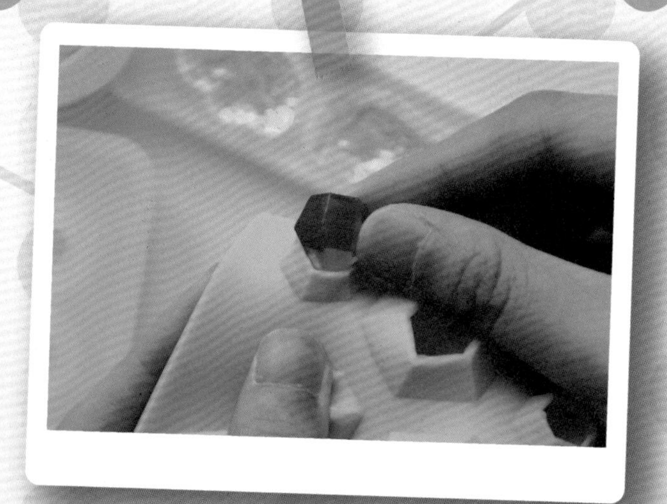

14. 12小时后进行所有模具的脱模操作。

15. 准备好需要装饰的金属配件和固化后的各类滴胶部件。

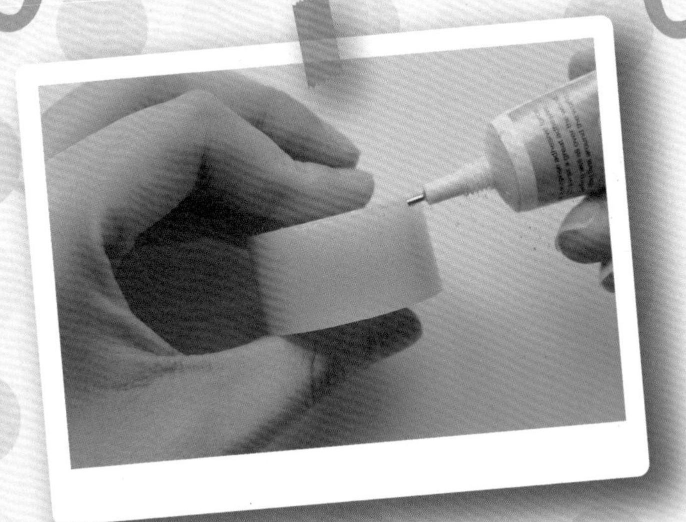

16. 在圆形滴胶边缘涂一圈B-6000速干胶。

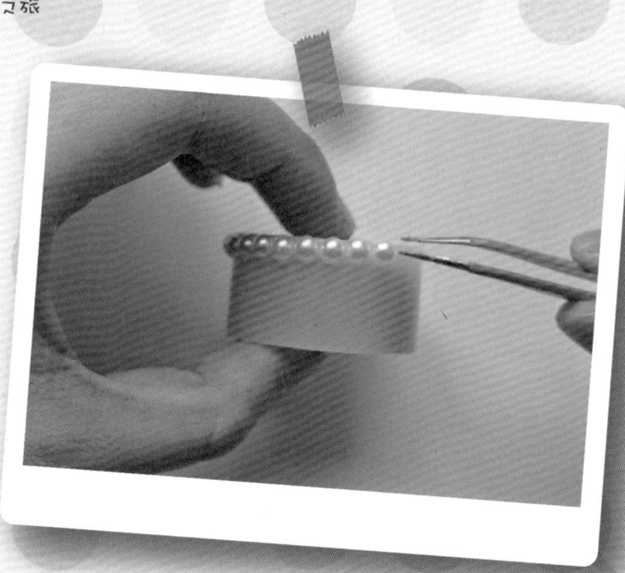

17. 趁速干胶未干透，将半面珍珠粘上，共装饰上下两圈珍珠。

18. 在圆形底座上滴上少许UV胶。

19. 摆放上翅膀配件，使其立在底座的中间位置。

20. 用紫外线灯照射1分钟固定翅膀位置。

21. 同样用UV胶粘上球形、金属皇冠、钻石，每安上一个配件都需要用紫外线灯照射固定。

22. 最后再装饰上代表狮子座的金属配件以及底座的蝴蝶结。

23. 用紫外线灯照射5分钟使其牢固。

24. 完成图。

梦幻贴纸手机壳
the dream tags
射手座
Sagittarius

AB滴胶、搅拌棒
透明手机壳、电子秤
色精（玫红色、白色、天蓝色）
搅拌杯、星球贴纸

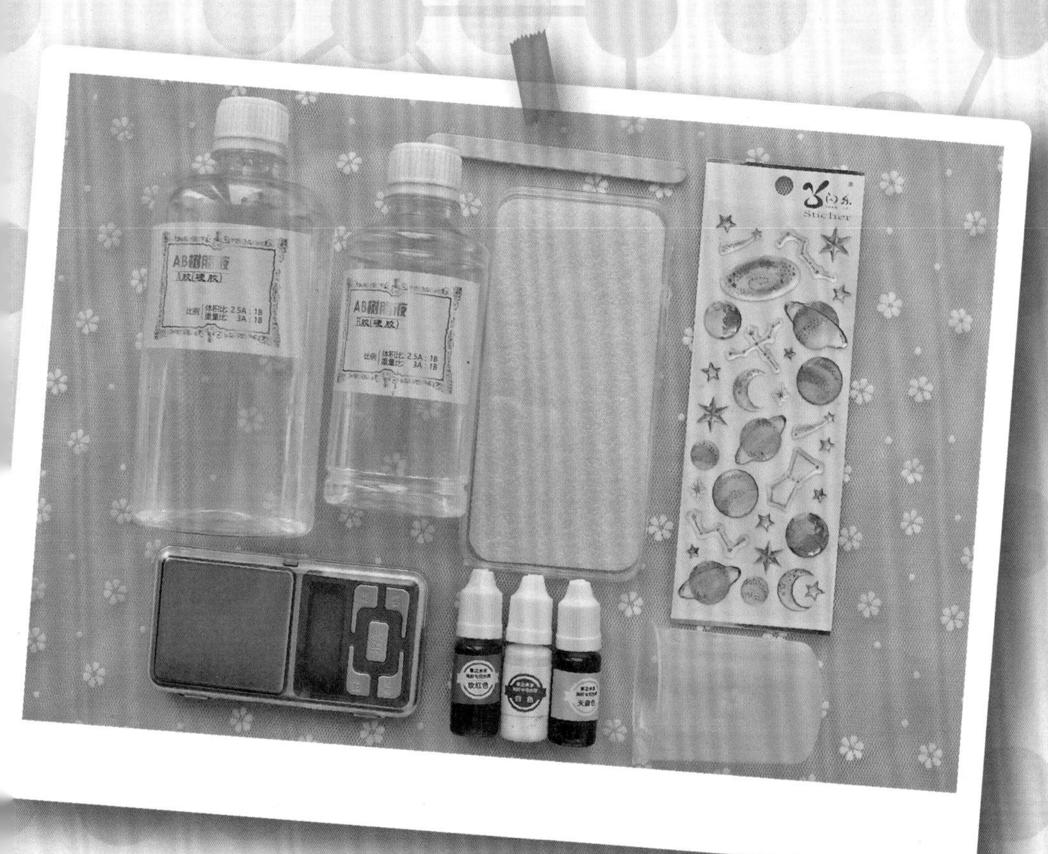

1. 用电子秤按A：B重量比3：1的比例调配AB滴胶。

2. 顺时针搅拌AB滴胶到无丝状态后静置5分钟进行消泡。

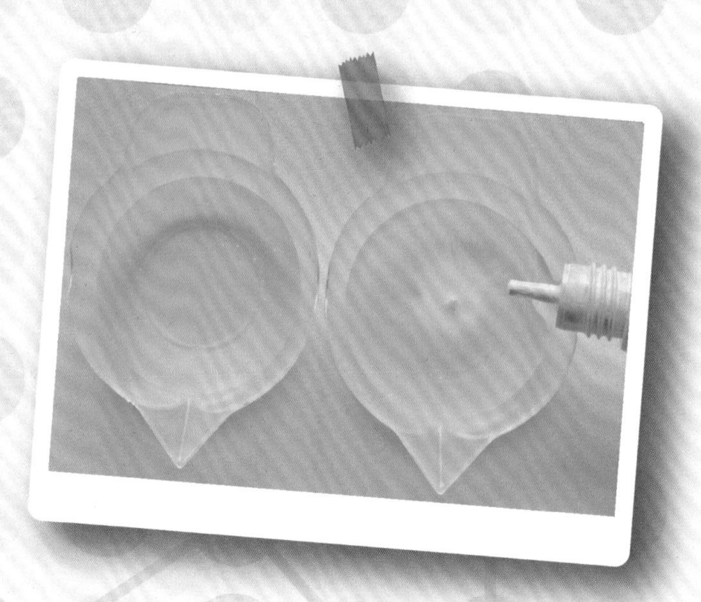

3. 将调配好的AB滴胶分成两份，加入白色色精。

4. 将两份AB滴胶都调制成白色。

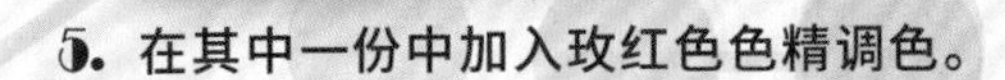

5. 在其中一份中加入玫红色色精调色。

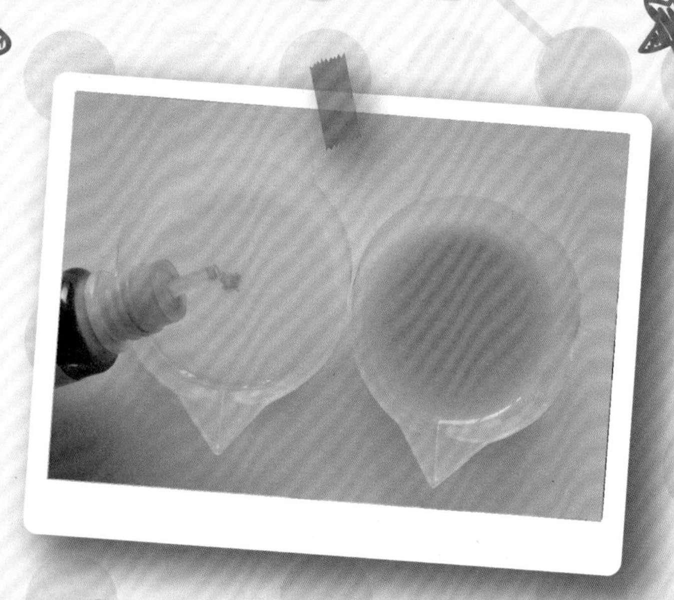

6. 在另一份中加入天蓝色色精调色。

7. 将调制好的粉色AB滴胶倒在透明手机素材壳上。

8. 再将调好的天蓝色AB滴胶倒在透明手机素材壳上。

9. 用搅拌棒将粉色和天蓝色滴胶均匀涂抹、铺平。

10. 铺成如图所示的梦幻般色彩后静置12小时使其自然固化。

11. 滴胶固化后将星球贴纸按自己的喜好贴在手机壳上。

12. 最后铺上一层透明的AB滴胶，将贴纸全部覆盖，注意AB滴胶不能多倒，以免出现溢胶的情况。

13. 将AB滴胶用搅拌棒均匀涂抹于整个手机壳上后静置12小时使其自然固化。

14. 完成图。

如果滴胶产生气泡，用打火枪对准表面快速烧一下就可起到消泡作用，AB滴胶和UV胶均适用此方法。

土象星座
earth signs

♉ **金牛座**
星之轨迹项链

♑ **摩羯座**
唯美手机链

♍ **处女座**
美少女权杖

星之轨迹项链
star track necklace
金牛座
Taurus

UV 胶、半球体硅胶模具
色精（紫色、宝蓝色）、镊子
金色星星闪片、银色亮粉
各类金属小配件、搅拌棒

1. 将UV胶滴入模具至三分之二处。

2. 均匀点缀上金色星星闪片。

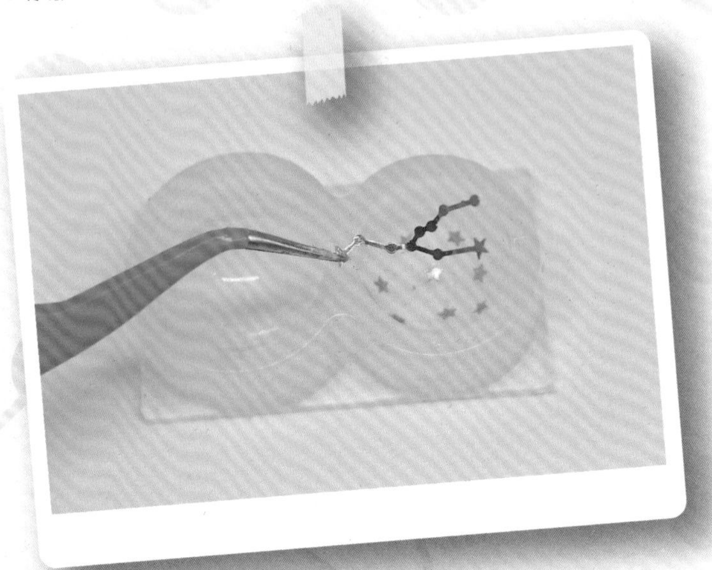

3. 用镊子将代表金牛座符号的金属片放入铺好的UV胶内。

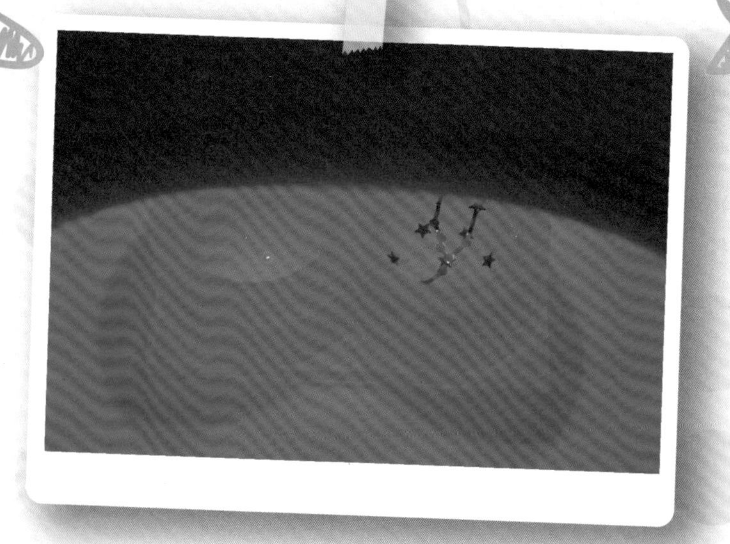

4. 用紫外线灯照射UV胶2分钟使其固化。

5. 分别用宝蓝色和紫色色精调制不同颜色的UV胶，并加入银色亮粉。

6. 将两种颜色的UV胶倒入半球模具内，铺满为止。

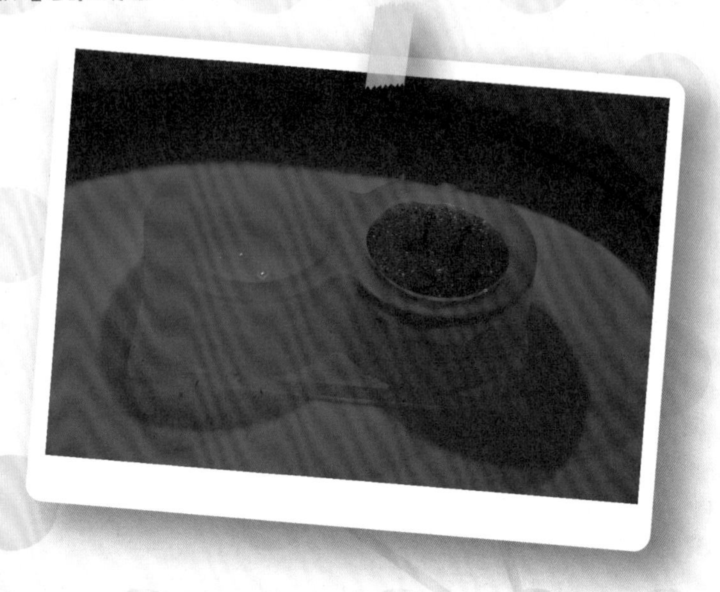

7. 继续用紫外线灯照射UV胶5分钟左右至完全固化。

8. 固化后脱模，准备好金属配件进行下一步的装饰。

9. 修剪金属环后用UV胶将其固定在半球体的背部。

10. 用紫外线灯照射金属环1分钟使其牢固。

11. 将十字架配件同样固定在球体背部，作为吊环。

12. 用紫外线灯照射吊环5分钟使其彻底牢固。

13. 用UV胶将金色星星配件固定在金属环上，做出小行星的效果。

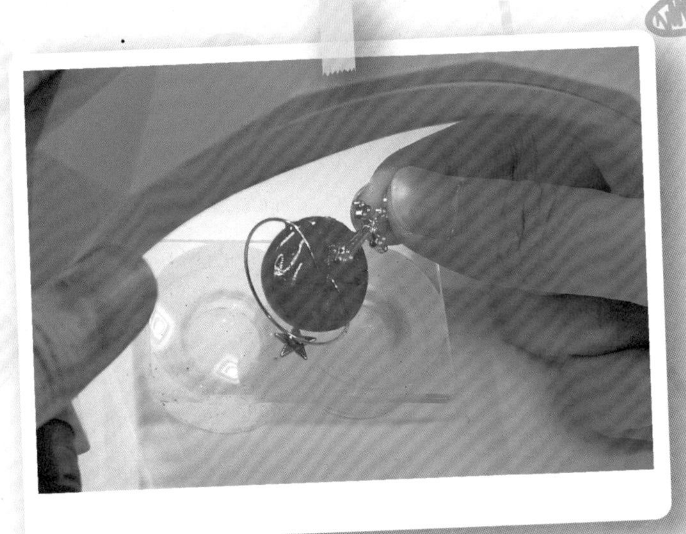

14. 用紫外线灯照射配件2分钟左右使其固定。

15. 最后穿上项链即可完成。

16. 完成图。

唯美手机链
perfect mobile phone chain
摩羯座
Capricorn

UV胶、纸胶带、丝带
珠光粉（宝蓝色、紫色 、玫红色）
银色系闪粉闪片、装饰亮钻
金属配件、镊子
星星钥匙金属边框

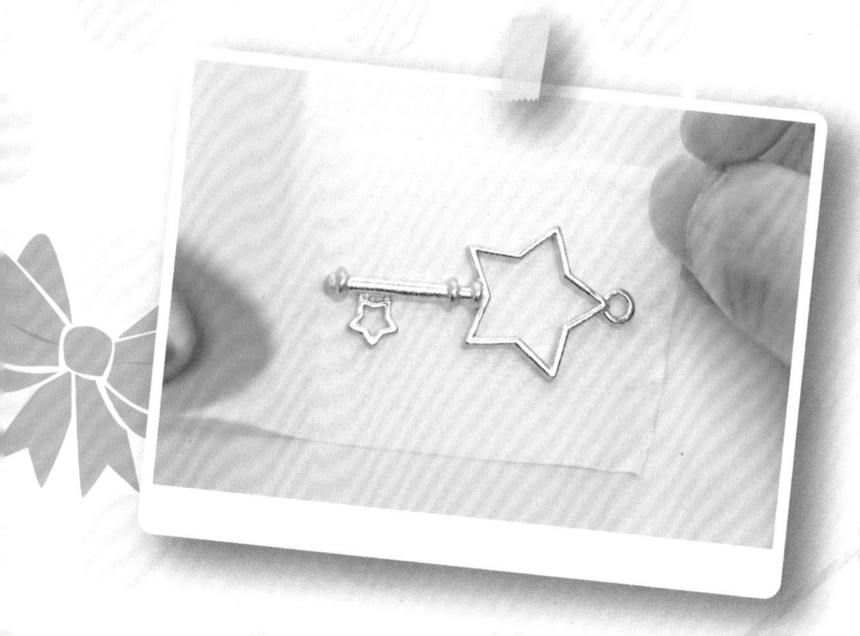

1. 用纸胶带将金属框封底，以免漏胶。

2. 在金属框内涂上薄薄一层UV胶打底。

3. 用紫外线灯照射UV胶1分钟使其固化。

4. 用三色珠光粉对UV胶进行调色。

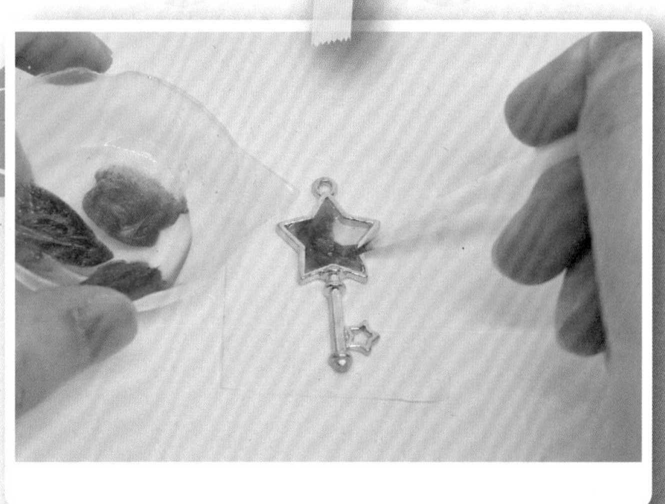

5. 将调色后的UV胶依次涂在星星边框内。

6. 蘸取少许银色闪粉涂抹在UV胶表层，
做出银河的效果。

7. 再粘上少许银色闪片作装饰。

8. 用紫外线灯照射UV胶2分钟使其固化。

9. 固化后撕去胶带。

10. 用UV胶进行封层处理，正反面都需要封层。

11. 用紫外线灯照射UV胶5分钟至完全固化。

12. 在星星钥匙柄上涂少许UV胶。

13. 将装饰亮钻贴在相应位置后，用紫外线灯照射亮钻固定。

14. 选取一小段丝带做出蝴蝶结。

15. 将星星边框和蝴蝶结用金属环相连接。

16. 安装上龙虾扣挂链。

17. 最后在蝴蝶结中间装饰上亮钻即可完成。

18. 完成图。

美少女权杖
pretty girl wand style pen
处女座
Virgo

UV胶、月亮模具
蝴蝶结模具
色精(白色、玫红色、天蓝色、柠檬黄)
爱心闪片 、金色闪粉
水笔一支
珍珠亮钻若干
金属配件、镊子

1. 在蝴蝶结模具底部二分之一处倒入UV胶。

2. 用黄色爱心闪片装饰UV胶。

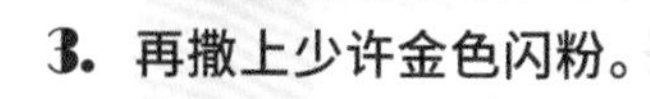

3. 再撒上少许金色闪粉。

4. 用紫外线灯照射UV胶2分钟使其固化。

5. 用白色色精对UV胶进行调色。

6. 加入闪粉装饰。

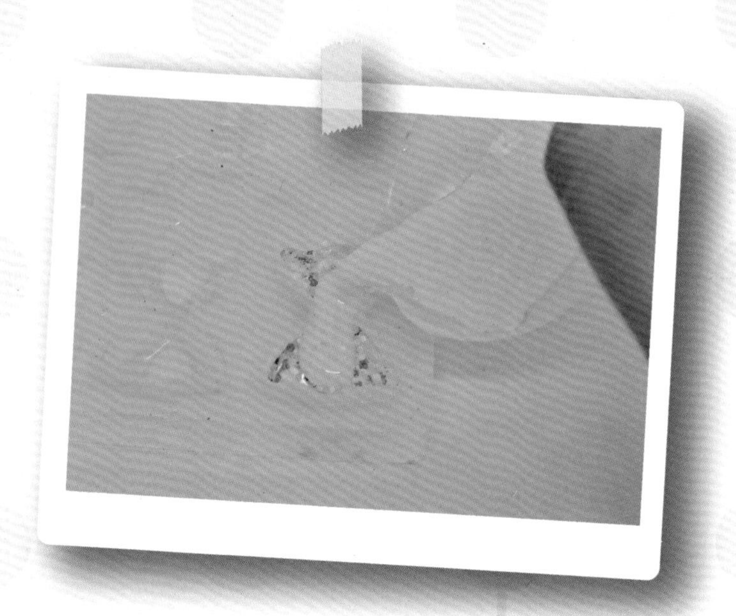

7. 用调制好的UV胶铺满蝴蝶结模具。

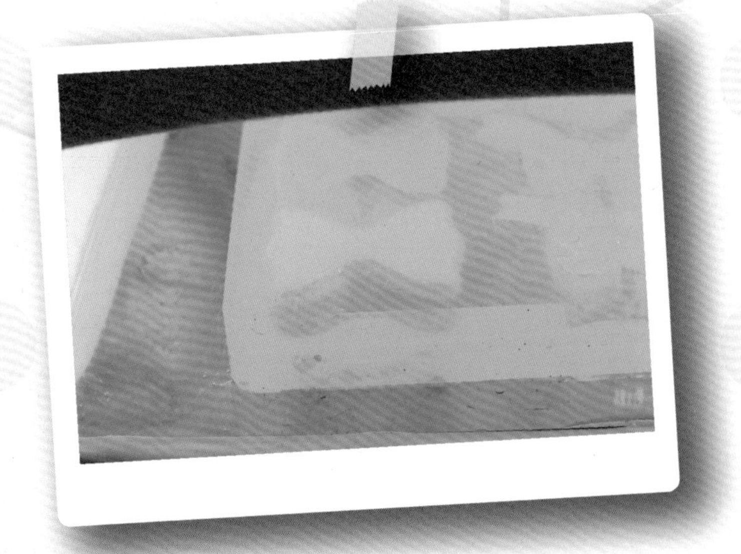

8. 用紫外线灯照射UV胶5分钟至完全固化。

9. 蝴蝶结脱模后在背面涂上UV胶。

10. 用同样方法做好第二个蝴蝶结，并与前一个粘在一起。

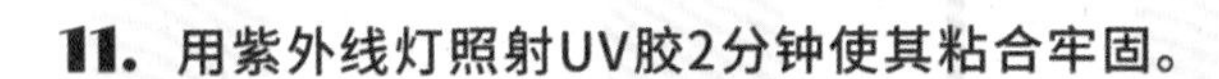

11. 用紫外线灯照射UV胶2分钟使其粘合牢固。

12. 分别用玫红色、天蓝色、柠檬黄色色精对三份UV胶进行调色。

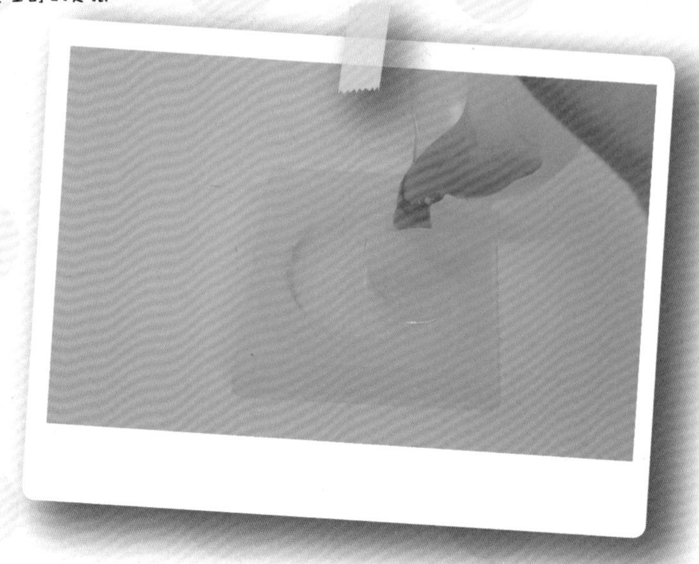

13. 依次在月亮模具内倒入调好的色精。

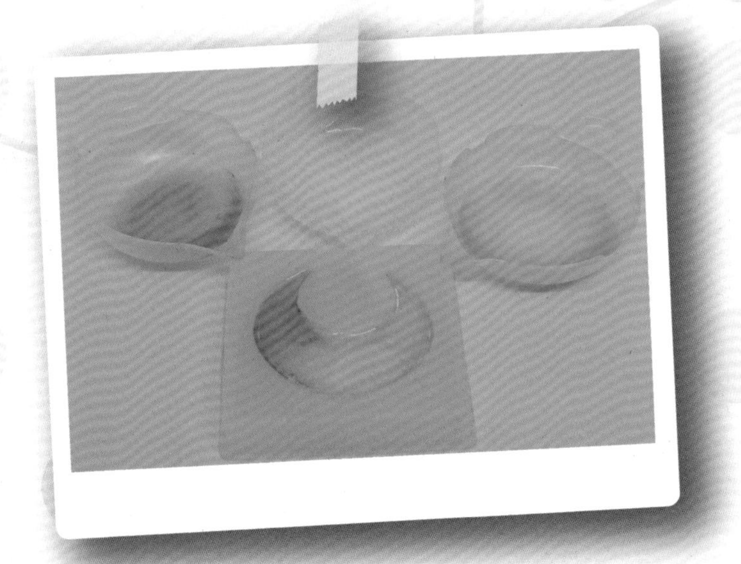

14. 按照玫红、黄色、蓝色的顺序用UV胶铺满模具。

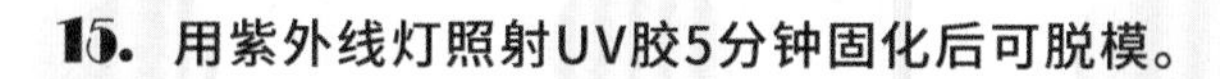

15. 用紫外线灯照射UV胶5分钟固化后可脱模。

16. 用UV胶将珍珠和蝴蝶结固定在水笔笔杆上。

17. 用同样的方法将月亮固定在蝴蝶结上。

18. 在月亮和蝴蝶结中间的镂空部位装饰上爱心亮钻。

19. 用金属配件装饰月亮。

20. 把金色爪链包裹在笔杆上。

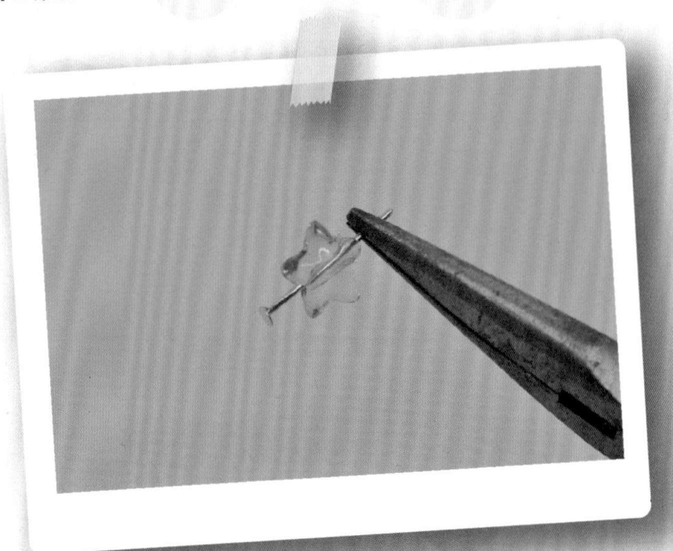

21. 将T针穿过星星串珠。

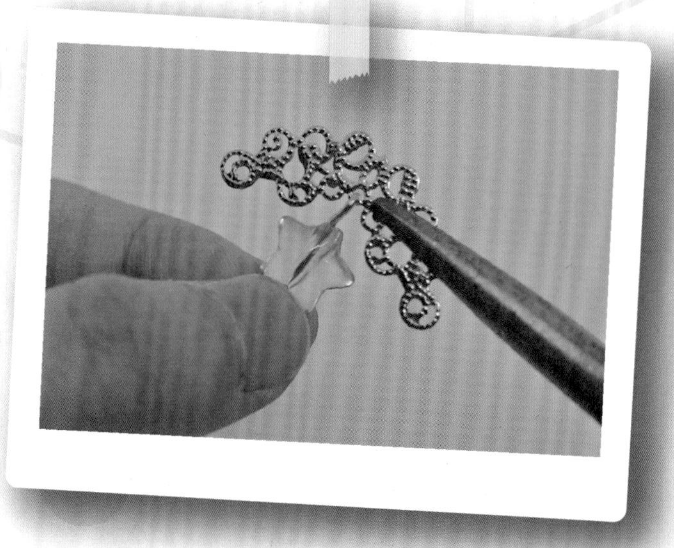

22. 将星星串珠连接在金属装饰片上。

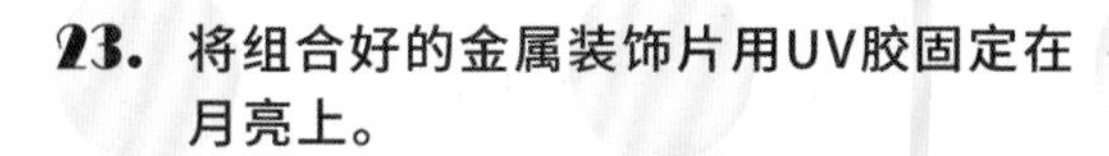

23. 将组合好的金属装饰片用UV胶固定在月亮上。

24. 最后再装饰少许亮钻即可完成。

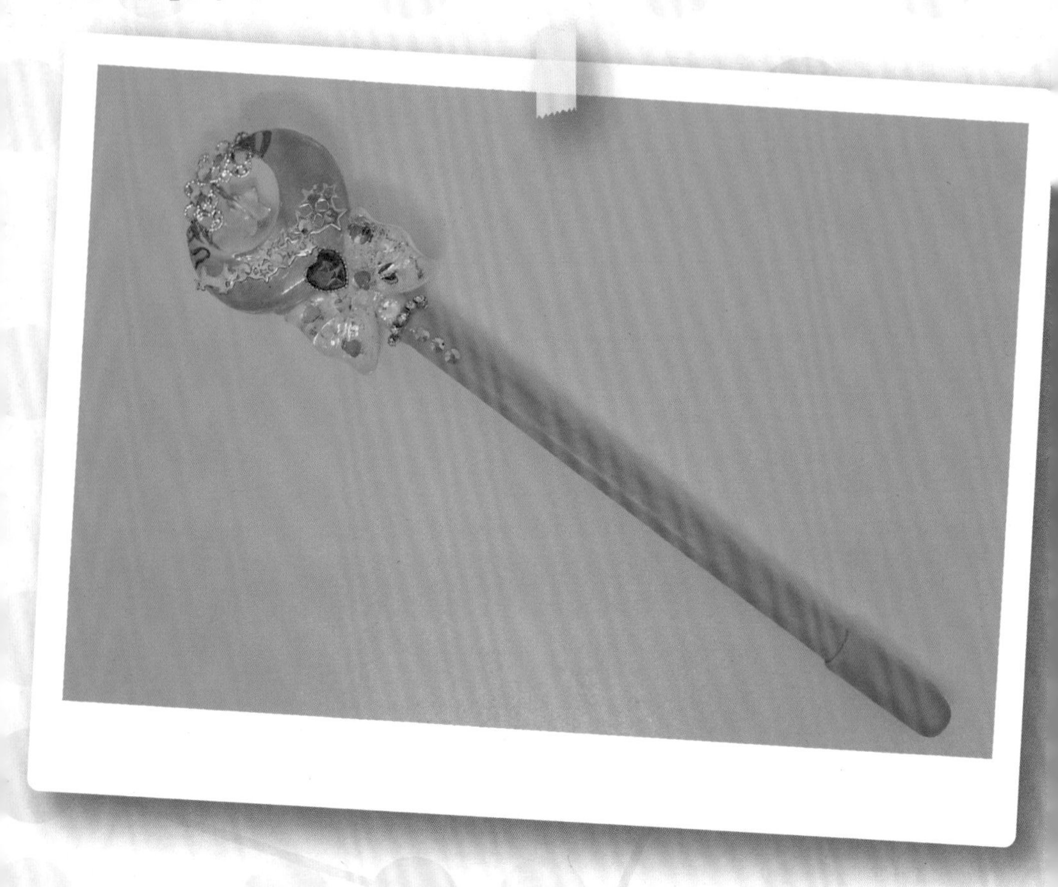

完成图

风象星座
air signs

双子座
俏皮包包吊饰

水瓶座
五彩剔透发圈

天秤座
黑曜之心化妆镜

俏皮包包吊饰
nifty bag decoration
双子座
Gemini
2018

UV胶、星形硅胶模具
色精（白色、玫红色、天蓝色）、分装碟
手工钻、镊子、闪粉
各种装饰串珠、钓鱼线、金属配件

1. 将UV胶滴入模具至三分之一处。

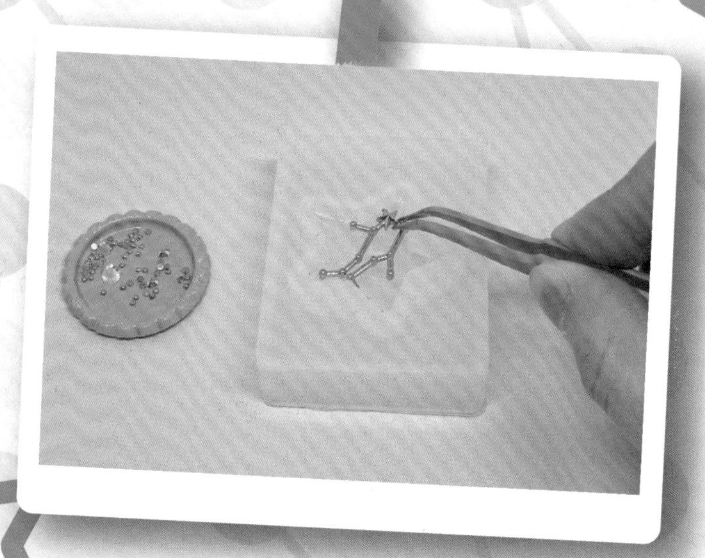

2. 用镊子将代表双子座符号的金属配件和各种亮钻装饰物放入铺好的UV胶内。

3. 在分装碟中倒入一小部分UV胶。

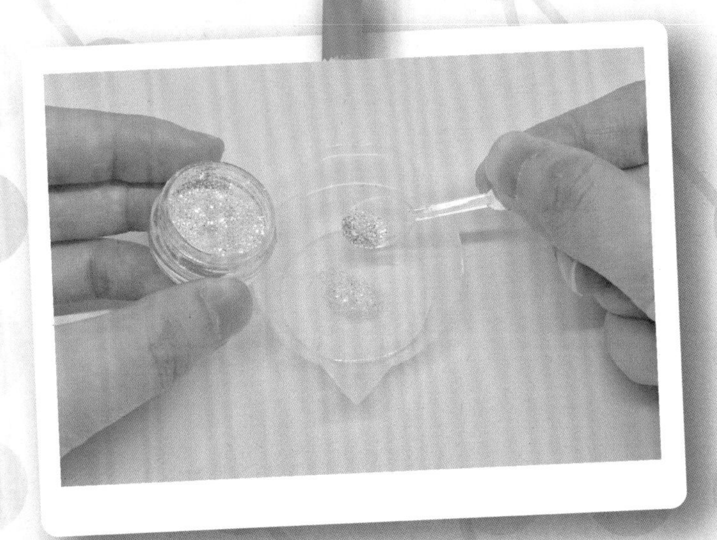

4. 加入银色闪粉混合。

5. 倒入星形模具内至三分之二处。

6. 用紫外线灯照射UV胶2分钟使其固化。

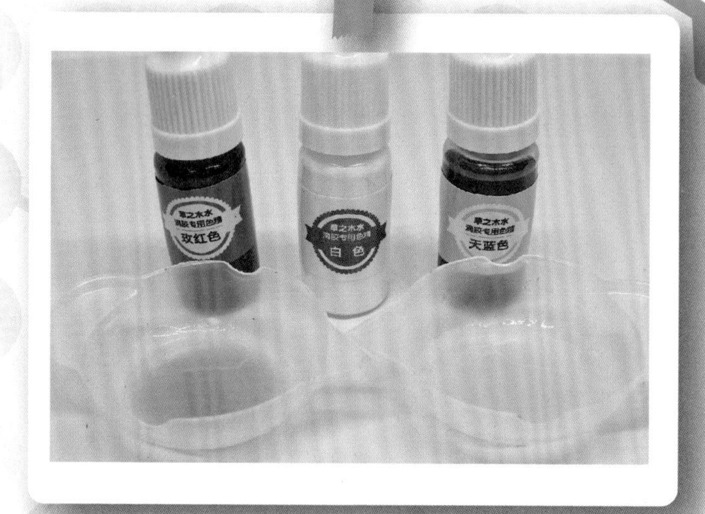

7. 分别用白色、玫红色、天蓝色色精对UV胶进行调色。

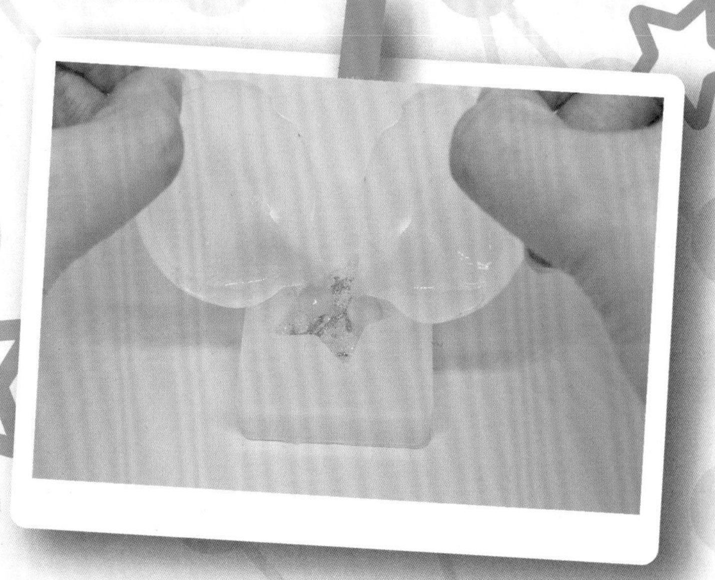

8. 同时将粉色和蓝色UV胶倒入星形模具内，铺满即可。

9. 用紫外线灯照射UV胶10分钟至完全固化。

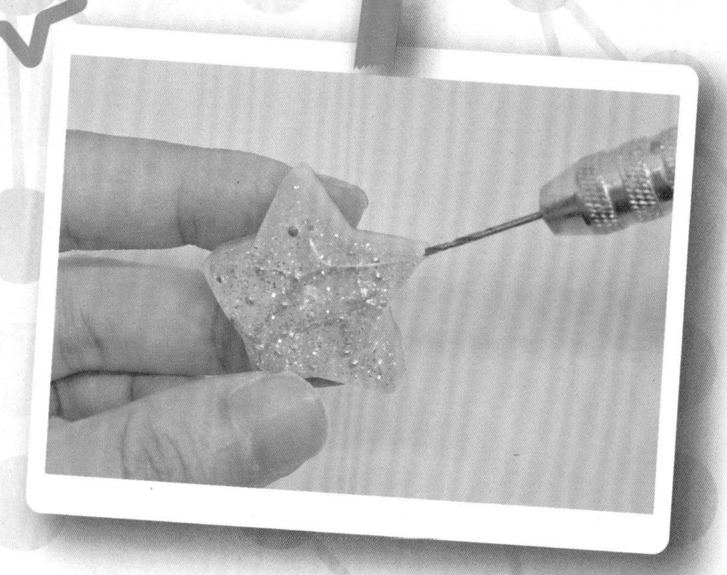

10. 脱模后用手工钻对UV胶进行打孔操作。

11. 拧入羊眼钉作为挂钩。

12. 截取一段钓鱼线，在一端串上金属扣后打个结。

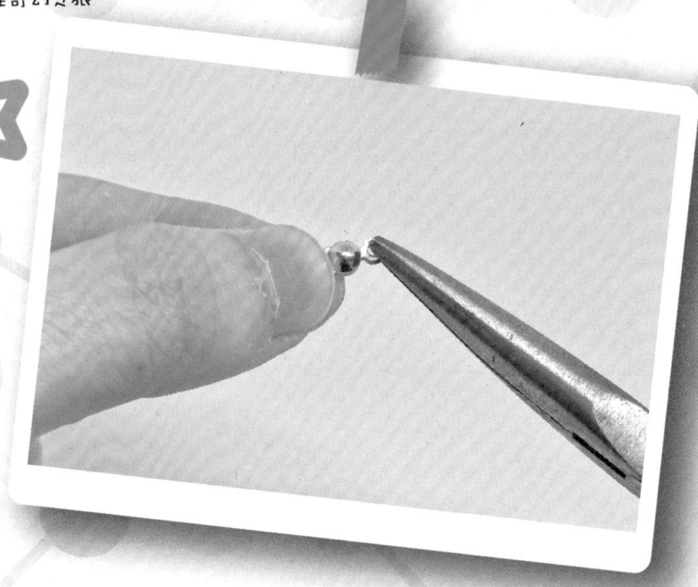

13. 用钳子将金属扣夹紧固定。

14. 在钓鱼线另一头串上搭配好的各类串珠后，同样打结固定金属扣。

15. 将两头用金属环串起。

16. 串上打好羊眼钉的星星。

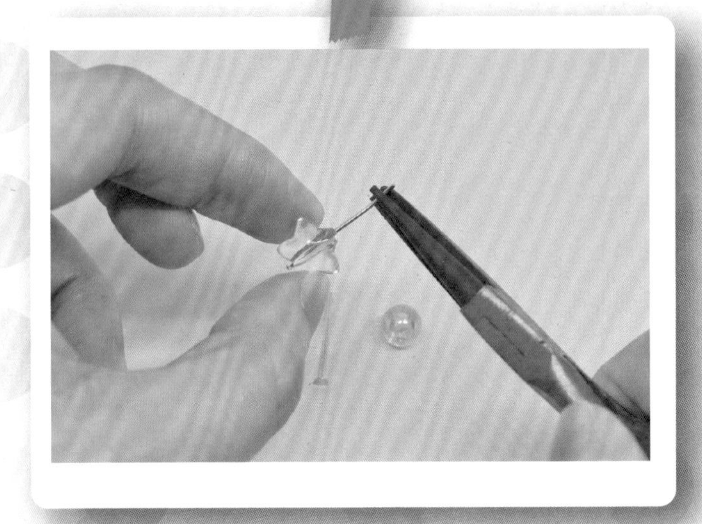

17. 用T针给粉色星星串珠做一个挂钩。

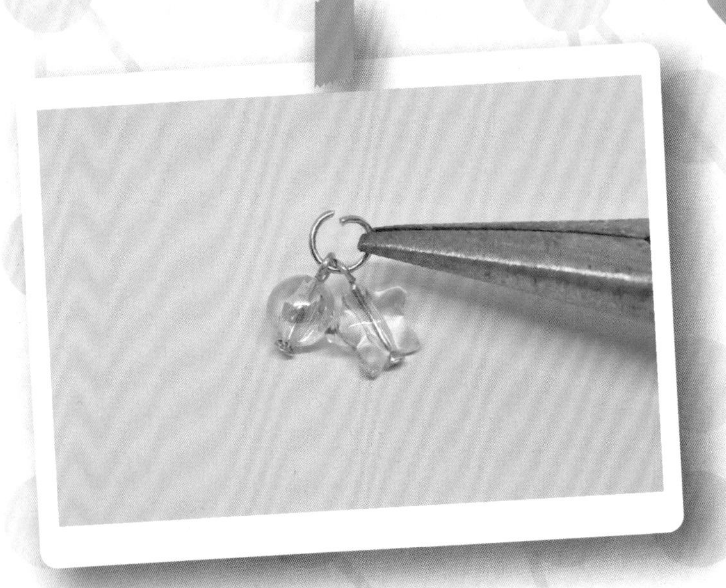

18. 和蓝色串珠一起穿入金属环。

19. 将它们一起串在龙虾扣上即可完成。

20. 完成图。

Tips：如何清洗装过滴胶的小容器。

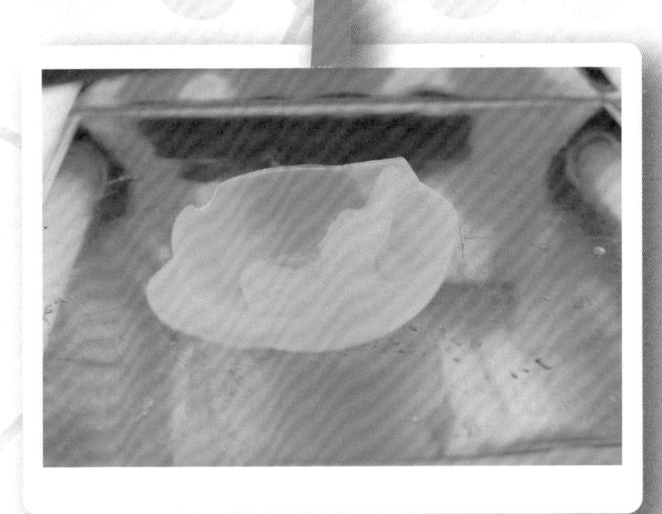

1. 将容器放到紫外线灯下进行照射。

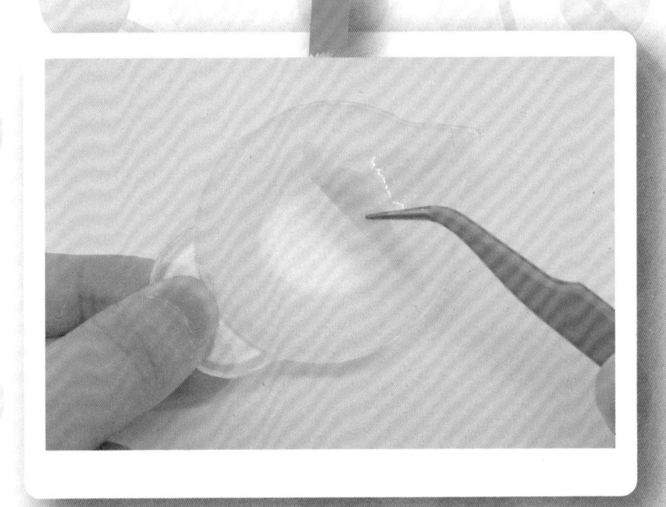

2. 固化后直接用手或镊子揭去残余滴胶即可。

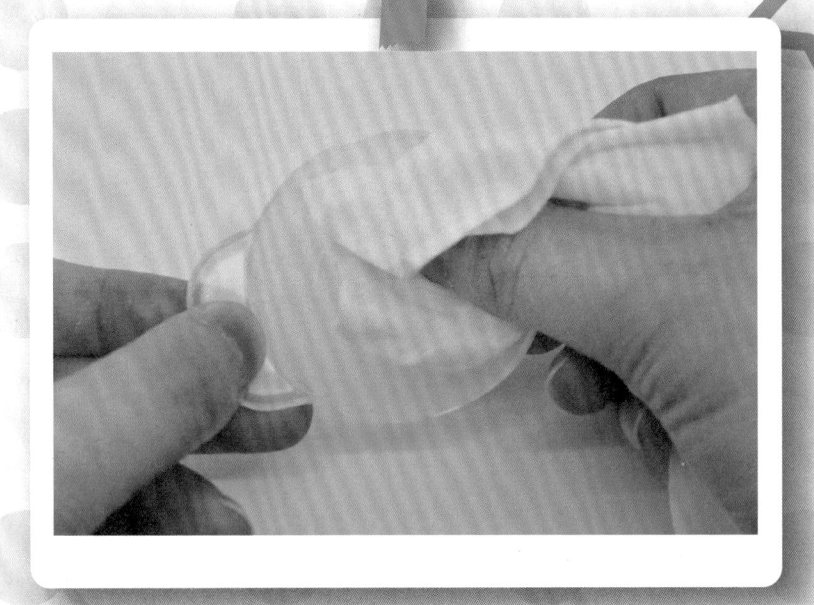

3. 最后用湿巾擦拭一下就干净了。

五彩剔透发圈
colorful circle
水瓶座
Aquarius

UV胶、滴胶专用色精
贝壳碎纸、星星闪片
硅胶模具、水瓶座金属配件
发圈、发圈固定扣

1. 将UV胶滴入硅胶模具内，无须铺满，倒至模具二分之一处即可。

2. 用牙签蘸取少量玫红色色精，在模具内对UV胶进行调色。

3. 再依次加入柠檬黄、草绿色、天蓝色、紫色色精进行调色。

4. 然后用贝壳碎纸进一步装饰UV胶。

5. 在对应色块上铺入相应颜色的贝壳碎纸。

6. 用紫外线灯照射UV胶5分钟左右使其固化。

7. 将水瓶座的金属配件放入固化好的模具内。

8. 再铺上一层UV胶将模具填充满。

9. 此时可再加入少许星星闪片进行装饰。

10. 再次用紫外线灯正反面共照射UV胶5分钟左右，使其完全固化。

11. 脱模后，对UV胶边缘毛糙部分进行打磨处理。

12. 准备好发圈以及发圈固定扣。

13. 在作品背面涂上少许UV胶。

14. 将发圈和固定扣组装在作品上。

15. 最后用紫外线灯照射5分钟左右使其固定。

16. 完成图。

黑曜之心化妆镜
obsidian heart
make-up mirror
天秤座
Libra

UV胶、硅胶模具
变色粉（紫色、黄色、绿色）
色精（黑色、玫红色）
银色闪粉、白色珠光粉、半面珍珠若干
装饰配件（爱心、花朵 、皇冠、天秤座装饰物）
金色爪链、半成品化妆镜、镊子、眼影棒

1. 在爱心模具内倒入UV胶至三分之二处。

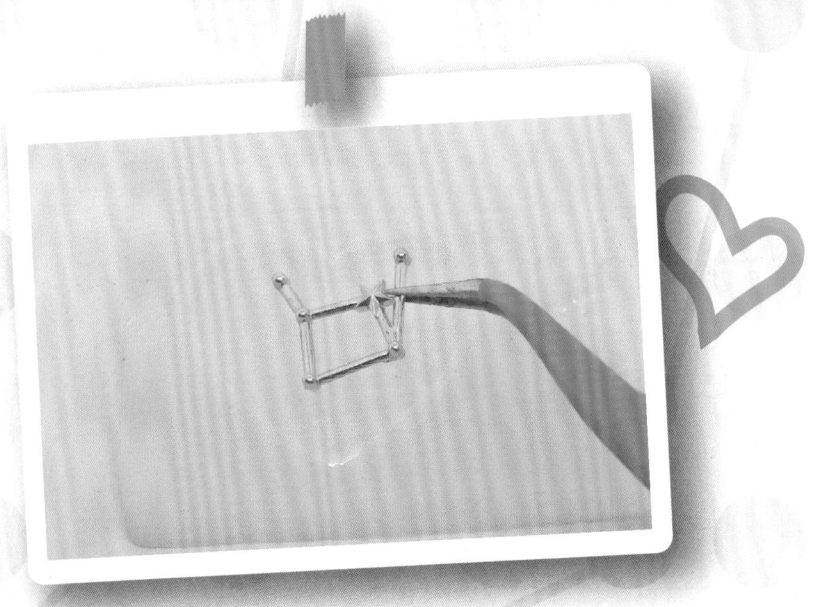

2. 放入天秤座金属装饰物。

3. 用紫外线灯照射UV胶2分钟使其固化。

4. UV胶固化后，用眼影棒在爱心上涂抹变色粉，三种颜色交错涂抹。

5. 用黑色色精和银色闪粉调制UV胶。

6. 将调制后的UV胶铺满爱心模具。

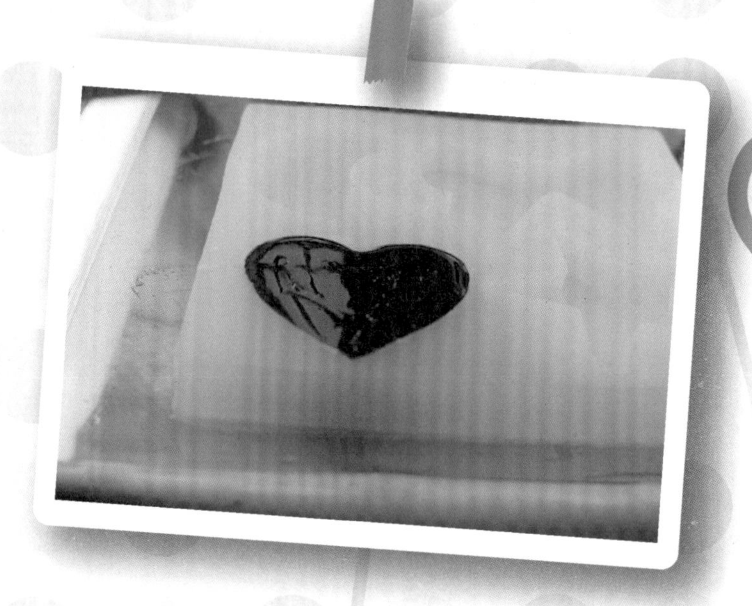

7. 用紫外线灯照射UV胶5分钟使其完全固化。

8. 用玫红色色精和白色珠光粉调制UV胶成粉红珠光色。

9. 将调制好的UV胶铺在化妆镜背面。

10. 用紫外线灯照射化妆镜背面2分钟使UV胶固化。

11. 固化后再铺上一层透明UV胶封层。

12. 在化妆镜周围用珍珠装饰。

13. 将脱模后的爱心装饰在化妆镜中间。

14. 继续装饰上爱心、花朵、皇冠。

15. 用金色爪链围绕爱心作装饰。

16. 用紫外线灯照射爱心2分钟使UV胶固化即可完成。

完成图

♓ **双鱼座**
春日容颜手链

♏ **天蝎座**
神秘星星手机壳

♋ **巨蟹座**
暖心干花手机壳

春日容颜手链
spring appearance
双鱼座
Pisces

UV 胶 、永生花
蓝色渐变珍珠 、闪粉
尖嘴钳 、镊子
手工钻、金属环 、龙虾扣

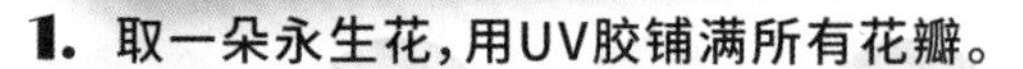

1. 取一朵永生花，用UV胶铺满所有花瓣。

2. 用紫外线灯照射花瓣2分钟使其固化。

3. 在花朵背面同样铺上一层UV胶。

4. 在花朵上用闪粉装饰。

5. 以同样的方法制作出其他几朵花，用UV胶涂抹花心位置。

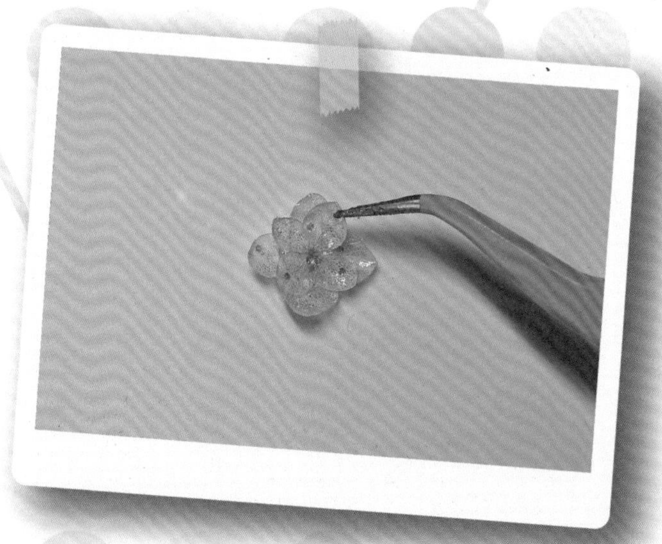

6. 将两朵花相互叠在一起。

7. 如图装饰上珍珠后，用紫外线灯照射1分钟使其固定。

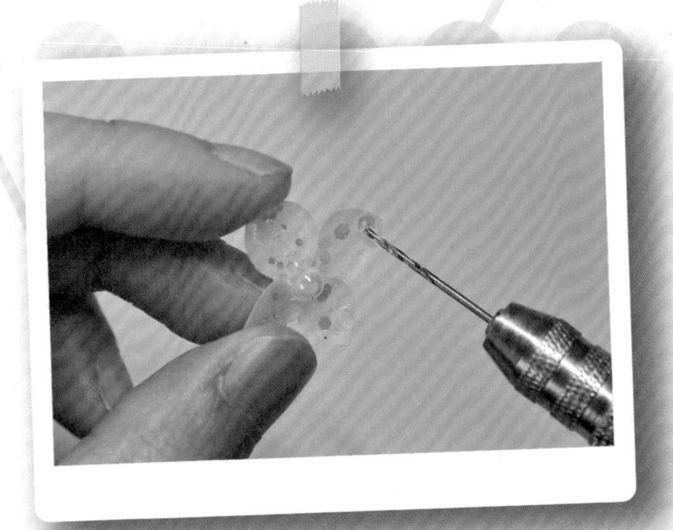

8. 用手工钻在花瓣上开一个小孔。

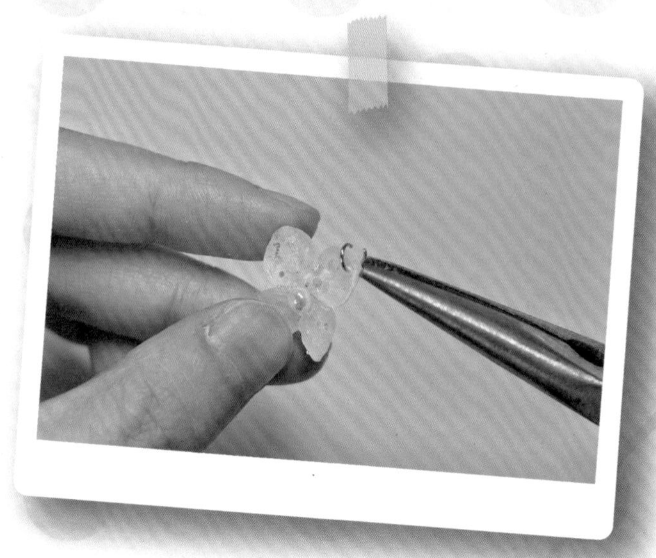

9. 在小孔内串上金属环。

10. 用9字针将珍珠串起。

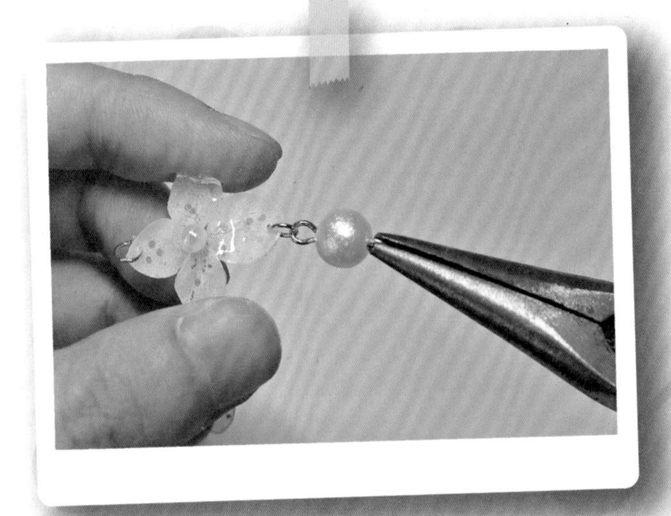

11. 把珍珠和花瓣连接起来。

12. 按照一朵花一颗珍珠的顺序串成手链。

13. 再串上延长链条。

14. 最后装上龙虾扣即可完成。

完成图

神秘星星手机壳

mysterious star

天蝎座

Scorpio

AB 滴胶、液体硅胶
树脂粘土、电子秤
调胶杯、PP 塑料盒、搅拌棒
黑色色精、金色闪粉
珠光粉、透明手机壳
天蝎座金属片、金属链、镊子

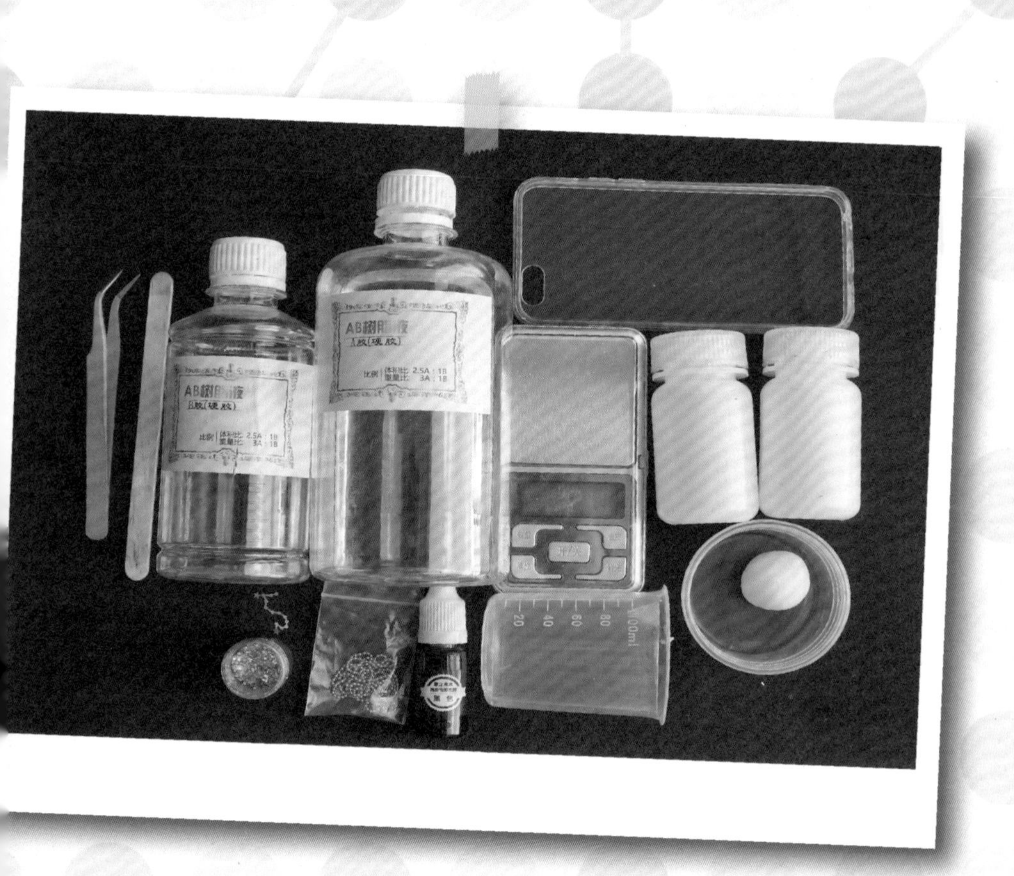

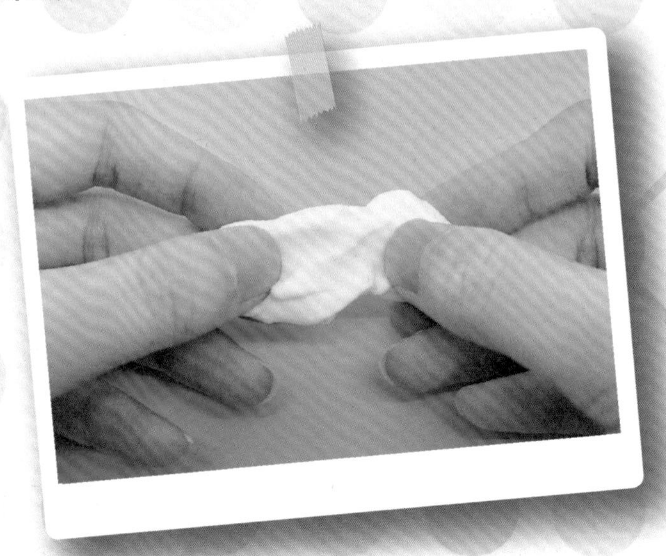

1. 取一些树脂粘土。

2. 揉捏成五角星的图案，静置半天使其硬化。

3. 液体硅胶按1:1比例进行混合，搅拌均匀。

4. 准备一个PP塑料盒，把硬化后的五角星放入其中。

5. 将调配好的液体硅胶倒入PP塑料盒，完全覆盖五角星。

6. 静置1小时左右，自制的五角星硅胶模具脱模完成。

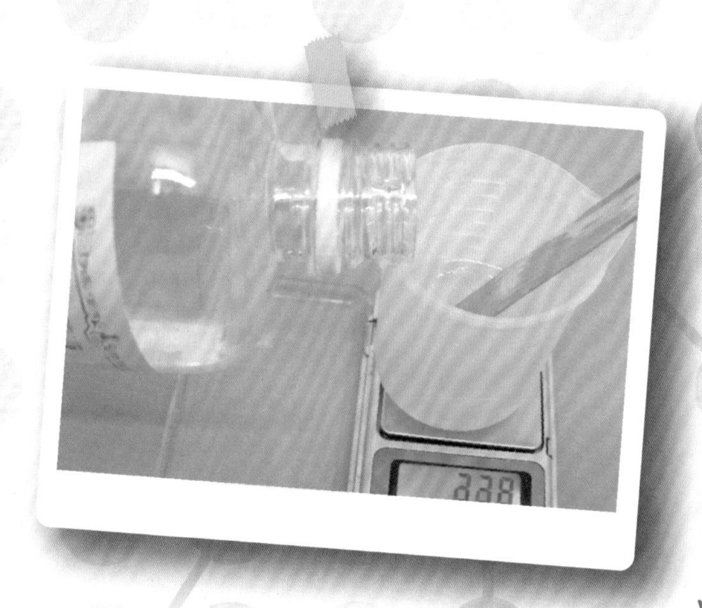

7. 用电子秤按A：B重量比3：1的比例调配AB滴胶。

8. 在调配好的AB滴胶内加入金色闪粉。

9. 倒入自制的五角星模具内。

10. 静置12小时进行脱模。

11. 将调配好的AB滴胶用黑色色精和珠光粉进行调色。

12. 滴胶静置5分钟消泡后，缓慢倒在手机壳上。

13. 用搅拌棒将滴胶均匀涂抹在手机壳表面，注意边角处，滴胶不能倒太多，以免溢胶。

14. 撒上金色闪粉做出星星点点的感觉。

15. 在手机壳边缘装饰上金属链。

16. 将固化后的五角星粘在手机壳的适当位置。

17. 用镊子将代表天蝎座的金属片装饰在上面，静置24小时使手机壳完全固化。

18. 完成图。

CANCER
暖心干花手机壳
the warm flower
巨蟹座
Cancer

AB 滴胶 、电子秤
搅拌杯 、搅拌棒 、镊子
B-6000 速干胶 、爱心剪纸
干花若干 、滴胶调色粉（粉色）
闪粉 、装饰亮钻些许
透明手机壳 、字母贴纸

1. 将爱心贴纸用透明胶固定在手机壳背面。

2. 用B-6000速干胶画出爱心的边框。

3. 贴上装饰亮钻，做出爱心的造型。

4. 用电子秤按A：B重量比3：1的比例调配AB滴胶，搅拌后静置5分钟消泡。

5. 在AB滴胶内加入粉色调色粉和闪粉进行调色。

6. 将调色后的AB滴胶倒入爱心内。

7. 均匀涂抹平整后，静置12小时使其自然固化。

8. 在爱心干透后用B-6000速干胶将干花粘贴在手机壳的相应位置。

9. 同样用B-6000速干胶将亮钻固定在花心上作为装饰。

10. 爱心中间用字母贴纸拼出巨蟹座的英文。

11. 最后用AB滴胶进行封层。

12. 均匀涂抹至每个角落，将干花全部覆盖上，静置12小时使其自然干透。

完成图

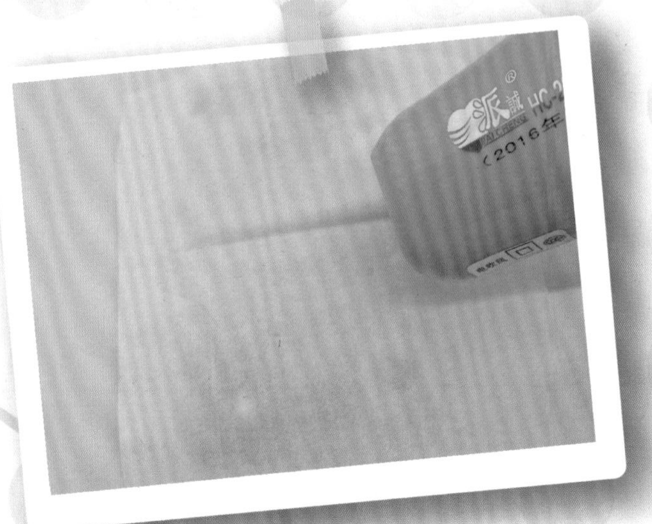

（**Tips.1**）为了避免干花受潮，上AB滴胶封层前可用纸巾盖住干花，并用电吹风对其吹热烘干。这样干花不容易因受潮而变色。

（**Tips.2**）封层后静置12小时自然固化时，可在手机壳上盖一个防尘罩，以免灰尘落入滴胶影响成品的美观。

（1）小部件太多，需要用各种收纳盒来收纳。

（2）常用的几款胶，从左到右依次是AB滴胶（软/硬）、液态硅胶、UV胶，都是草之木水的品牌，淘宝上搜店铺名草之木水，店里有各种工具，是我最爱的店铺。

（3）私下是一个迪士尼控，会搜集迪士尼周边，
背景墙会贴上宝宝的照片。

（4）日常手工作品的视频拍摄就是在这里完成的。

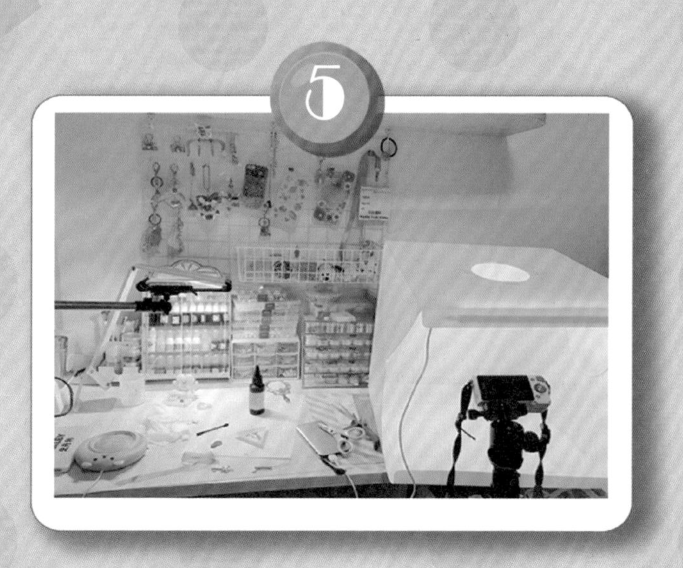

（5）再干净的手工台，制作作品时还是会弄乱。

（6）手工台全貌。

图书在版编目（CIP）数据

水晶滴胶：星座奇幻之旅 / 红兮兮Ss著. —重庆：重庆大学出版社，2019.8

ISBN 978-7-5689-1369-0

Ⅰ.①水… Ⅱ.①红… Ⅲ.①手工艺品—制作 Ⅳ.①TS973.5

中国版本图书馆CIP数据核字（2018）第208433号

水晶滴胶：星座奇幻之旅

SHUIJING DIJIAO XINGZUO QIHUAN ZHILV

红兮兮Ss 著

策　划　重报图书 重庆日报报业集团图书出版有限责任公司

责任编辑　汪　鑫　李佳熙

责任校对　王　倩

装帧设计　重庆凡然文化创意有限公司

责任印制　张　策

重庆大学出版社出版发行

出版人　饶帮华

社址　（401331）重庆市沙坪坝区大学城西路21号

电话　（023）88617190 88617185（中小学）

传真　（023）88617186 88617166

网址　http://www.cqup.com.cn

邮箱　fxk@cqup.com.cn（营销中心）

全国新华书店经销

重庆巍承印务有限公司印刷

开本：787mm×1092mm　1/16　印张：10　字数：86千

2019年8月第1版　2019年8月第1次印刷

ISBN 978-7-5689-1369-0　定价：49.00元